《建筑与市政施工现场安全卫生与职业健康通用规范》GB 55034

《建筑与市政施工现场安全卫生与职业健康通用规范》GB 55034 图解编写组
编著

U0196564

中国建筑工业出版社

图书在版编目（CIP）数据

《建筑与市政施工现场安全卫生与职业健康通用规范》GB 55034 图解 /《建筑与市政施工现场安全卫生与职业健康通用规范》GB 55034 图解编写组编著 . —北京：中国建筑工业出版社，2024.1
ISBN 978-7-112-29613-2

Ⅰ.①建… Ⅱ.①建… Ⅲ.①建筑工程－工程施工－劳动卫生－管理规范－图解②市政工程－工程施工－劳动卫生－管理规范－图解 Ⅳ.①TU714-64

中国国家版本馆 CIP 数据核字（2024）第 020268 号

责任编辑：曹丹丹　张　磊
责任校对：赵　力

《建筑与市政施工现场安全卫生与职业健康通用规范》GB 55034 图解
《建筑与市政施工现场安全卫生与职业健康通用规范》GB 55034 图解编写组　编著
＊
中国建筑工业出版社出版、发行（北京海淀三里河路9号）
各地新华书店、建筑书店经销
华之逸品书装设计制版
临西县阅读时光印刷有限公司印刷
＊
开本：850 毫米×1168 毫米　1/32　印张：4¾　字数：91 千字
2024 年 3 月第一版　2024 年 3 月第一次印刷
定价：49.00 元
ISBN 978-7-112-29613-2
（42674）

本书编委会

主　　编： 冯大阔

副 主 编： 王大讲　叶雨山　孟　刚　卢海陆

参编人员： 闫亚召　张　辉　胡　彬　孟庆鑫

李留洋　沈　晨　南北豪　王华永

尹亚朋　白占江　祁予海

编写单位： 中国建筑第七工程局有限公司

前言

　　建筑与市政工程建设过程中，施工现场的安全、环境、卫生和职业健康管理是工程管理中的重要部分，关系到施工现场每位人员的生命财产安全、环境安全和身心健康。党和国家高度重视安全和环境管理、卫生和职业健康管理工作，制定和出台了一系列法律法规、规范性文件和标准规范，防范和减少安全事故的发生。"安全第一、预防为主、综合治理"的方针是党和国家的重要政策，是社会主义企业管理的一项基本原则。

　　标准规范可以提高生产效率、保证产品质量、促进技术创新、促进国际贸易、保护环境和人身安全，是国民经济和社会发展的重要技术支撑。2015年，《国务院关于印发深化标准化工作改革方案的通知》文件中提出，建立政府主导制定的标准与市场自主制定的标准协同发展、协调配套的新型标准体系，健全统一协调、运行高效、政府与市场共治的标准化管理体制，形成政府引导、市场驱动、社会参与、协同推进的标准化工作格局，有效支撑统一市场体系建设，让标准成为对质量的"硬约束"，推动中国经济迈向中高端水平。2016年，住房和城乡建设部印发《关于深化工程建设标准化工作改革的意见》文件，提出按照政府制定强制性标准、社会团体制定自愿采用性标准的长远目标，到2020年，适应标准改革发展的管理制度基本建立，重要的强制性标准发布实施，政府推荐性标准得到有效精简，团体标准具有一定规模；到2025年，以强制性标准为核心、推荐性标准和团体标准相配套的标准体系初步建立，标准有效性、先进性、适用性进一步增强，标准国际影响力和贡献力进一步提升。

《建筑与市政施工现场安全卫生与职业健康通用规范》GB 55034—2022（以下简称《规范》）作为住房和城乡建设领域全文强制规范之一，以建筑与市政工程施工中的现场安全、环境、卫生与职业健康管理为对象，以建筑与市政工程施工中保障人身健康和生命财产安全、生态环境安全，满足经济社会管理基本需要为目的，明确建筑与市政工程施工现场安全管理、环境管理、卫生管理和职业健康管理的功能、性能和技术指标要求。安全管理规定了施工现场高处坠落、物体打击、起重伤害、坍塌、机械伤害、冒顶片帮、车辆伤害等14种安全隐患的管理要求；环境管理规定了施工现场扬尘、建筑垃圾、施工污水、噪声污染等环境管理要求；卫生管理规定了施工现场饮用水、食品、防疫等卫生管理要求；职业健康管理规定了施工现场起重机械操作、电焊、气割、安装、油漆等工种职业健康管理要求。

为了配合《规范》的实施，便于使用人员领会规范条文，把握其实施要点，准确执行《规范》，我们组织编写了本书。本书各章节内容及编号与《规范》一致，按照章节和条文顺序绘制了插图，旨在通过绘画的形式，让读者更加容易理解条文内容，便于《规范》的实施和执行。

本书作为《规范》的释义性资料，力求为《规范》的准确理解和有效实施提供帮助。由于部分内容编制与标准引用存在时间性差异，同时编写成员水平有限，书中不免有疏漏和不足之处，敬请读者批评指正。

《建筑与市政施工现场安全卫生与职业健康

通用规范》GB 55034 图解编写组

目录

1
总　则

1.0.1 为在建筑与市政工程施工中保障人身健康和生命财产安全、生态环境安全，满足经济社会管理基本需要，制定本规范。

　　本条规定了《规范》的制定目的。建筑与市政工程在我国产业结构中有着重要地位，对促进我国经济的健康发展有着不可或缺的作用。其为社会创造价值的同时，也存在一定的安全风险和隐患，例如高空坠落、物体打击、机械伤害、坍塌、触电等安全事故会在不经意间发生，施工伤亡事故和死亡人数仅次于矿山工程。因此，营造良好文明的施工作业环境，保障施工作业人员的生命健康及财产安全是建筑与市政工程施工中的重中之重。多年来，党和国家高度重视施工的安全生产工作；为保护广大劳动者的安全和健康，控制和减少各类事故，提高安全生产管理水平，国家确定了"安全第一、预防为主、综合治理"的安全生产方针，颁布了一系列的安全生产法律法规和标准规范。《规范》的发布实施，丰富了建筑安全标准体系，有助于减少重大伤亡事故发生，对提高我国建筑与市政工程安全管理水平将起到重要的推动作用。

1.0.2 建筑与市政工程施工现场安全、环境、卫生与职业健康管理必须执行本规范。

　　本条规定了《规范》的适用范围。适用于新建、改建、扩建与拆除等建筑与市政工程项目；《规范》对建筑与市政施工现场安全、环境、卫生与职业健康管理进行了规定；其中，"安全管理"着重对建筑与市政施工现场常见、多发的14类安全事故管理进行了要求。

《规范》所规定的建筑与市政工程，包括各类地下和地上的工业和民用建筑等各类房屋建筑、轨道交通工程、城市交通隧道工程；平时使用的人民防空工程，加油站、加气站、加氢站及其合建站；管廊或共同沟、电缆隧道及其他市政工程与设施；各类生产装置、塔和筒仓等构筑物。不包括可燃气体和液体的储罐或储罐区，可燃材料堆场，集装箱堆场，核电工程及其建筑，军事建筑和工程，矿山工程，炸药、烟花爆竹等火工品建筑和工程。

安全管理包括施工现场高处坠落、物体打击、起重伤害、坍塌、机械伤害、冒顶片帮、车辆伤害、中毒和窒息、触电、爆炸、爆破作业、透水、淹溺和灼烫14种安全事故的管理要求，不包括脚手架工程安全管理和防火安全管理。

环境管理包括施工现场扬尘、建筑垃圾、施工污水、噪声污染等环境管理。

卫生管理包括施工现场饮用水、食品、防疫等卫生管理。

职业健康管理包括施工现场起重机械操作、电焊、气割、安装、油漆等工种职业健康管理。

1.0.3 建筑与市政工程施工应符合国家施工现场安全、环保、防灾减灾、应急管理、卫生及职业健康等方面的政策，实现人身健康和生命财产安全、生态环境安全。

本条规定了建筑与市政施工现场安全卫生和职业健康管理的总体原则。为实现人身健康和生命财产安全、生态环境安全，建筑与市政工程施工应符合国家施工现场安全、环保、防灾减灾、应急管理、卫生及职业健康等方面的法律法规、规章制度。

为保证建筑与市政工程施工现场人身健康和生命财产安全、生态环境安全，国家制定和出台了一系列的法律法规、规章制度，建筑与市政工程施工管理过程中应严格遵守和执行法律法规、规章制度的规定。

国家施工现场安全、环保、防灾减灾、应急管理、卫生及职业健康等方面的相关政策主要有:《中华人民共和国安全生产法》《中华人民共和国建筑法》《中华人民共和国劳动法》《中华人民共和国环境保护法》《中华人民共和国水污染防治法》《中华人民共和国大气污染防治法》《中华人民共和国水污染防治法实施细则》《建设工程安全生产管理条例》《建设项目环境保护管理条例》《中华人民共和国职业病防治法》《使用有毒物品作业场所劳动保护条例》《建设项目职业病危害分类管理办法》《用人单位职业健康监护监督管理办法》等。

1.0.4 工程建设所采用的技术方法和措施是否符合本规范要求，由相关责任主体判定。其中，创新性的技术方法和措施，应进行论证并符合本规范中有关性能的要求。

　　建筑与市政工程施工技术、安全防护措施、环境保护措施、卫生保障措施和劳动防护技术不断进步，为施工现场人身健康和生命财产安全、生态环境安全提供了保障。对于相关规范中没有规定的技术，必须由建设、勘察、设计、施工、监理等责任单位及有关专家依据研究成果、验证数据和国内外实践经验等，对所采用的技术措施进行论证评估，证明其安全可靠、节约环保，并对论证评估结果负责。论证评估结果实施前，建设单位应报工程所在地行业行政主管部门备案。经论证评估满足要求后，应允许实施。

　　本条规定了建筑与市政工程安全管理、环境管理、卫生管理和职业健康管理采用新技术、新工艺和新材料的许可原则。建筑与市政工程安全管理、环境管理、卫生管理和职业健康管理中应积极采用高效的新技术、新工艺、新材料和新设备，以保障建筑与市政工程施工技术、安全防护措施、环境保护措施、卫生保障措施和劳动防护技术不断进步。当采用无现行相关标准予以规范的新技术、新工艺、新材料和新设备时，应对采用的技术方法和措施开展专项技术论证，以确定其功能和性能是否满足设置目标、所需功能和性能的要求，是否符合本规范的有关规定。有关技术论证工作可以由相关责任主体负责，但相关技术论证结论的采用应符合国家现行有关工程建设的规定和程序。

工程建设强制性规范是以工程建设活动结果为导向的技术规定，突出了建设工程的规模、布局、功能、性能和关键技术措施；但是，规范中关键技术措施不能涵盖工程规划建设管理采用的全部技术方法和措施，仅仅是保障工程性能的"关键点"，很多关键技术措施具有"指令性"特点，即要求工程技术人员去"做什么"，规范要求的结果是要保障建设工程的性能。因此，能否达到规范中性能的要求，以及工程技术人员所采用的技术方法和措施是否按照规范的要求去执行，需要进行全面的判定；其中，重点是能否保证工程性能符合规范的规定。进行这种判定的主体应为工程建设的相关责任主体，这是我国现行法律法规的要求。《中华人民共和国劳动法》《中华人民共和国建筑法》《中华人民共和国安全生产法》《建设工程安全生产管理条例》等相关的法律法规，突出强调了工程监管、建设、规划、勘察、设计、施工、监理、检测、造价、咨询等各方主体的法律责任，既规定了首要责任，也确定了主体责任。在工程建设过程中，执行强制性工程建设规范是各方主体落实责任的必要条件，是基本的、底线的要求；相关责任主体有义务对工程规划建设管理采用的技术方法和措施是否符合本规范规定进行判定。

同时，为了支持创新，鼓励创新成果在建设工程中应用，当拟采用的新技术在工程建设强制性规范或推荐性标准中没有相关规定时，应对拟采用的工程技术或措施进行论证，确保建设工程达到工程建设强制性规范规定的工程性能要求，确保建设工程质量和安全，并应满足国家对建设工程环境保护、卫生健康、经济社会管理、能源资源节约与合理利用等相关基本要求。

2

基本规定

2.0.1 工程项目专项施工方案和应急预案应根据工程类型、环境地质条件和工程实践制定。

2.0.2 工程项目应根据工程特点及环境条件进行安全分析、危险源辨识和风险评价，编制重大危险源清单并制定相应的预防和控制措施。

2.0.3　施工现场规划、设计应根据场地情况、入住队伍和人员数量、功能需求、工程所在地气候特点和地方管理要求等各项条件，采取满足施工生产、安全防护、消防、卫生防疫、环境保护、防范自然灾害和规范化管理等要求的措施。

2.0.4 施工现场生活区应符合下列规定：

1 围挡应采用可循环、可拆卸、标准化的定型材料，且高度不得低于1.8m。

2 应设置门卫室、宿舍、厕所等临建房屋，配备满足人员管理和生活需要的场所和设施；场地应进行硬化和绿化，并应设置有效的排水设施。

3 出入大门处应有专职门卫，并应实行封闭式管理。

4 应制定法定传染病、食物中毒、急性职业中毒等突发疾病应急预案。

2.0.5 应根据各工种的作业条件和劳动环境等为作业人员
配备安全有效的劳动防护用品，并应及时开展劳动
防护用品使用培训。

2.0.6 进场材料应具备质量证明文件，其品种、规格、性能等应满足使用及安全卫生要求。

2.0.7 各类设施、设备应具备制造许可证或其他质量证明
文件。

2.0.8 停缓建工程项目应做好停工期间的安全保障工作，复工前应进行检查，排除安全隐患。

3

安全管理

3.1 一般规定

3.1.1 工程项目应根据工程特点制定各项安全生产管理制度，建立健全安全生产管理体系。

3.1.2　施工现场应合理设置安全生产宣传标语和标牌，标牌设置应牢固可靠。应在主要施工部位、作业层面、危险区域以及主要通道口设置安全警示标识。

3.1.3 施工现场应根据安全事故类型采取防护措施。对存在的安全问题和隐患，应定人、定时间、定措施组织整改。

3.1.4 不得在外电架空线路正下方施工、吊装、搭设作业棚、建造生活设施或堆放构件、架具、材料及其他杂物等。

3.2 高处坠落

3.2.1 在坠落高度基准面上方2m及以上进行高空或高处作业时，应设置安全防护设施并采取防滑措施，高处作业人员应正确佩戴安全帽、安全带等劳动防护用品。

3.2.2　高处作业应制定合理的作业顺序。多工种垂直交叉
作业存在安全风险时，应在上下层之间设置安全防
护设施。严禁无防护措施进行多层垂直作业。

上层作业高度 (m)	坠落半径 (m)
$2 \leq h_n \leq 5$	3
$5 < h_n \leq 15$	4
$15 < h_n \leq 30$	5
$h_n > 30$	6

3.2.3 在建工程的预留洞口、通道口、楼梯口、电梯井口
等孔洞以及无围护设施或围护设施高度低于1.2m
的楼层周边、楼梯侧边、平台或阳台边、屋面周边
和沟、坑、槽等边沿应采取安全防护措施，并严禁
随意拆除。

3.2.4　严禁在未固定、无防护设施的构件及管道上进行作业或通行。

3.2.5 各类操作平台、载人装置应安全可靠，周边应设置临边防护，并应具有足够的强度、刚度和稳定性，施工作业荷载严禁超过其设计荷载。

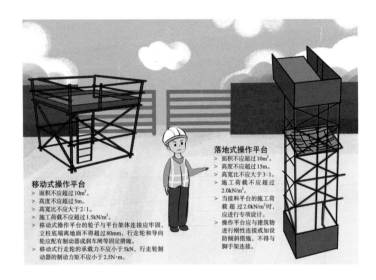

移动式操作平台
> 面积不应超过10m²。
> 高度不应超过5m。
> 高宽比不应大于2:1。
> 施工荷载不应超过1.5kN/m²。
> 移动式操作平台的轮子与平台架体连接应牢固，立柱底端离地面不得超过80mm，行走轮和导向轮应配有制动器或刹车闸等固定措施。
> 移动式行走轮的承载力不应小于5kN，行走轮制动器的制动力矩不应小于2.5N·m。

落地式操作平台
> 面积不应超过10m²。
> 高度不应超过15m。
> 高宽比不应大于3:1。
> 施工荷载不应超过2.0kN/m²。
> 当接料平台的施工荷载超过2.0kN/m²时，应进行专项设计。
> 操作平台应与建筑物进行刚性连接或加设防倾斜措施，不得与脚手架连接。

3.2.6 遇雷雨、大雪、浓雾或作业场所5级以上大风等恶劣天气时，应停止高处作业。

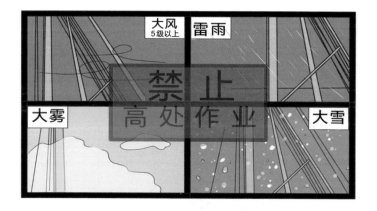

 物体打击

3.3.1 在高处安装构件、部件、设施时，应采取可靠的临时固定措施或防坠措施。

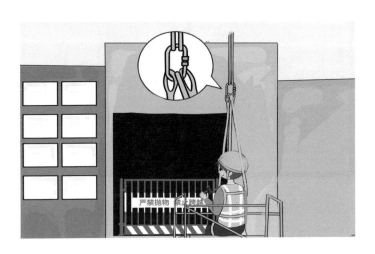

3.3.2 在高处拆除或拆卸作业时，严禁上下同时进行。拆卸的施工材料、机具、构件、配件等，应运至地面，严禁抛掷。

3.3.3 施工作业平台物料堆放重量不应超过平台的容许承
载力，物料堆放高度应满足稳定性要求。

3.3.4 安全通道上方应搭设防护设施，防护设施应具备抗高处坠物穿透的性能。

3.3.5 预应力结构张拉、拆除时，预应力端头应采取防护措施，且轴线方向不应有施工作业人员。无粘结预应力结构拆除时，应先解除预应力，再拆除相应结构。

3.4 起重伤害

3.4.1 吊装作业前应设置安全保护区域及警示标识,吊装作业时应安排专人监护,防止无关人员进入,严禁任何人在吊物或起重臂下停留或通过。

3.4.2 使用吊具和索具应符合下列规定：

1 吊具和索具的性能、规格应满足吊运要求，并与环境条件相适应；

2 作业前应对吊具与索具进行检查，确认完好后方可投入使用；

3 承载时不得超过额定荷载。

3.4.3 吊装重量不应超过起重设备的额定起重量。吊装作业严禁超载、斜拉或起吊不明重量的物体。

歪斜

3.4.4 物料提升机严禁使用摩擦式卷扬机。

3.4.5 施工升降设备的行程限位开关严禁作为停止运行的
控制开关。

3.4.6 吊装作业时，对未形成稳定体系的部分，应采取临时固定措施。对临时固定的构件，应在安装固定完成并经检查确认无误后，方可解除临时固定措施。

3.4.7　大型起重机械严禁在雨、雪、雾、霾、沙尘等低能
　　　　见度天气时进行安装拆卸作业；起重机械最高处的
　　　　风速超出9.0m/s时，应停止起重机安装拆卸作业。

3.5 坍塌

3.5.1 土方开挖的顺序、方法应与设计工况相一致,严禁超挖。

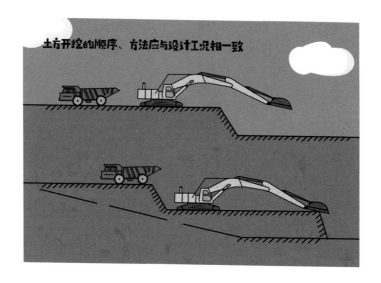

3.5.2　边坡坡顶、基坑顶部及底部应采取截水或排水措施。

3.5.3 边坡及基坑周边堆放材料、停放设备设施或使用机械设备等荷载严禁超过设计要求的地面荷载限值。

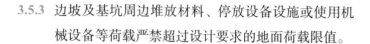

3.5.4 边坡及基坑开挖作业过程中，应根据设计和施工方
案进行监测。

3.5.5 当基坑出现下列现象时，应及时采取处理措施，处理后方可继续施工。

　1　支护结构或周边建筑物变形值超过设计变形控制值；

　2　基坑侧壁出现大量漏水、流土，或基坑底部出现管涌；

　3　桩间土流失孔洞深度超过桩径。

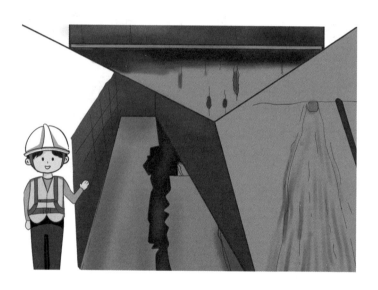

3.5.6 当桩基成孔施工中发现斜孔、弯孔、缩孔、塌孔或沿护筒周围冒浆及地面沉陷等现象时，应及时采取处理措施。

3.5.7 基坑回填应在具有挡土功能的结构强度达到设计要求后进行。

3.5.8 回填土应控制土料含水率及分层压实厚度等参数，严禁使用淤泥、沼泽土、泥炭土、冻土、有机土或含生活垃圾的土。

3.5.9 模板及支架应根据施工工况进行设计，并应满足承载力、刚度和稳定性要求。

3.5.10 混凝土强度应达到规定要求后，方可拆除模板和
支架。

3.5.11 施工现场物料、物品等应整齐堆放，并应根据具
体情况采取相应的固定措施。

3.5.12 临时支撑结构安装、使用时应符合下列规定：

   1 严禁与起重机械设备、施工脚手架等连接；

   2 临时支撑结构作业层上的施工荷载不得超过设计允许荷载；

   3 使用过程中，严禁拆除构配件。

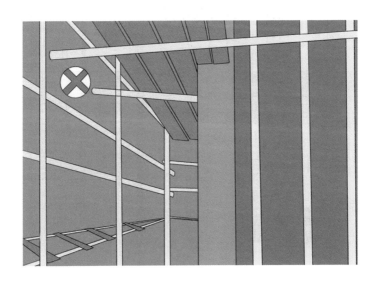

3.5.13 建筑施工临时结构应进行安全技术分析，并应保证在设计使用工况下保持整体稳定性。

3.5.14 拆除作业应符合下列规定：

1 拆除作业应从上至下逐层拆除，并应分段进行，不得垂直交叉作业。

2 人工拆除作业时，作业人员应在稳定的结构或专用设备上操作，水平构件上严禁人员聚集或物料集中堆放；拆除建筑墙体时，严禁采用底部掏掘或推倒的方法。

3 拆除建筑时应先拆除非承重结构，再拆除承重结构。

4 上部结构拆除过程中应保证剩余结构的稳定。

3.6 机械伤害

3.6.1 机械操作人员应按机械使用说明书规定的技术性能、承载能力和使用条件正确操作、合理使用机械，严禁超载、超速作业或扩大使用范围。

3.6.2 机械操作装置应灵敏，各种仪表功能应完好，指示
装置应醒目、直观、清晰。

3.6.3 机械上的各种安全防护装置、保险装置、报警装置
应齐全有效，不得随意更换、调整或拆除。

3.6.4 机械作业应设置安全区域，严禁非作业人员在作业区停留、通过、维修或保养机械。当进行清洁、保养、维修机械时，应设置警示标识，待切断电源、机械停稳后，方可进行操作。

3.6.5 工程结构上搭设脚手架、施工作业平台，以及安装塔式起重机、施工升降机等机具设备时，应进行工程结构承载力、变形等验算，并应在工程结构性能达到要求后进行搭设、安装。

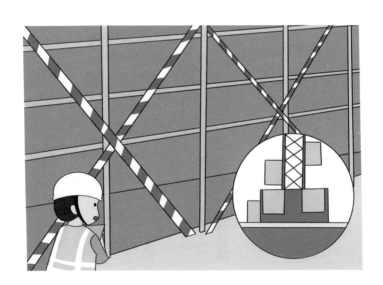

3.6.6 塔式起重机安全监控系统应具有数据存储功能，其监视内容应包含起重量、起重力矩、起升高度、幅度、回转角度、运行行程等信息。塔式起重机有运行危险趋势时，控制回路电源应能自动切断。

塔式起重机安全实时
监控系统

3.7 冒顶片帮

3.7.1 暗挖施工应合理规划开挖顺序，严禁超挖，并应根据围岩情况、施工方法及时采取有效支护，当发现支护变形超限或损坏时，应立即整修和加固。

3.7.2 盾构作业时，掘进速度应与地表控制的隆陷值、进出土量及同步注浆等相协调。

注意掘进速度与地表控制的隆陷值、进出土量及同步注浆等相协调

3.7.3 盾构掘进中遇有下列情况之一时，应停止掘进，分析原因并采取措施：

1 盾构前方地层发生坍塌或遇有障碍；

2 盾构自转角度超出允许范围；

3 盾构位置偏离超出允许范围；

4 盾构推力增大超出预计范围；

5 管片防水、运输及注浆等过程发生故障。

3.7.4　顶进作业前，应对施工范围内的既有线路进行加
　　　固。顶进施工时应对既有线路、顶力体系和后背实
　　　时进行观测、记录、分析和控制，发现变形和位移
　　　超限时，应立即进行调整。

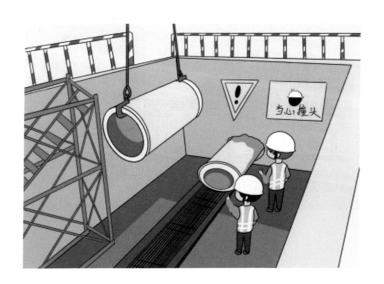

3.8 车辆伤害

3.8.1 施工车辆运输危险物品时应悬挂警示牌。

3.8.2 施工现场车辆行驶道路应平整坚实，在特殊路段应设置反光柱、爆闪灯、转角灯等设施，车辆行驶应遵守施工现场限速要求。

3.8.3 车辆行驶过程中，严禁人员上下。

3.8.4 夜间施工时，施工现场应保障充足的照明，施工车辆应降低行驶速度。

3.8.5　施工车辆应定期进行检查、维护和保养。

3.9 中毒和窒息

3.9.1 领取和使用有毒物品时，应实行双人双重责任制，作业中途不得擅离职守。

3.9.2 施工单位应根据施工环境设置通风、换气和照明等
设备。

3.9.3　受限或密闭空间作业前，应按照氧气、可燃性气体、有毒有害气体的顺序进行气体检测。当气体浓度超过安全允许值时，严禁作业。

3.9.4 室内装修作业时,严禁使用苯、工业苯、石油苯、重质苯及混苯作为稀释剂和溶剂,严禁使用有机溶剂清洗施工用具。建筑外墙清洗时,不得采用强酸强碱清洗剂及有毒有害化学品。

3.10 触电

3.10.1 施工现场用电的保护接地与防雷接地应符合下列规定：

1 保护接地导体（PE）、接地导体和保护联结导体应确保自身可靠连接；

2 采用剩余电流动作保护电器时应装设保护接地导体（PE）；

3 共用接地装置的电阻值应满足各种接地的最小电阻值的要求。

3.10.2 施工用电的发电机组电源应与其他电源互相闭锁，严禁并列运行。

3.10.3 施工现场配电线路应符合下列规定：

1 线缆敷设应采取有效保护措施，防止对线路的导体造成机械损伤和介质腐蚀。

2 电缆中应包含全部工作芯线、中性导体（N）及保护接地导体（PE）或保护中性导体（PEN）；保护接地导体（PE）及保护中性导体（PEN）外绝缘层应为黄绿双色；中性导体（N）外绝缘层应为淡蓝色；不同功能导体外绝缘色不应混用。

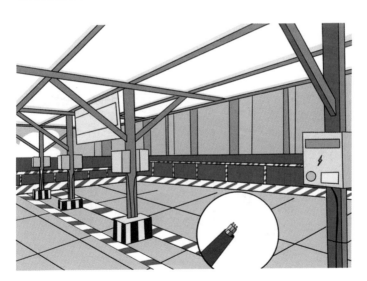

3.10.4　施工现场的特殊场所照明应符合下列规定：

1　手持式灯具应采用供电电压不大于36V的安全特低电压（SELV）供电；

2　照明变压器应使用双绕组型安全隔离变压器，严禁采用自耦变压器；

3　安全隔离变压器严禁带入金属容器或金属管道内使用。

3.10.5 电气设备和线路检修应符合下列规定：

1 电气设备检修、线路维修时，严禁带电作业。应切断并隔离相关配电回路及设备的电源，并应检验、确认电源被切除，对应配电间的门、配电箱或切断电源的开关上锁，及应在锁具或其箱门、墙壁等醒目位置设置警示标识牌。

2 电气设备发生故障时，应采用验电器检验，确认断电后方可检修，并在控制开关明显部位悬挂"禁止合闸、有人工作"停电标识牌。停送电必须由专人负责。

3 线路和设备作业严禁预约停送电。

3.10.6 管道、容器内进行焊接作业时，应采取可靠的绝缘或接地措施，并应保障通风。

3.11 爆炸

3.11.1 柴油、汽油、氧气瓶、乙炔气瓶、煤气罐等易燃、易爆液体或气体容器应轻拿轻放，严禁暴力抛掷，并应设置专门的存储场所，严禁存放在住人用房。

3.11.2 严禁利用输送可燃液体、可燃气体或爆炸性气体
的金属管道作为电气设备的保护接地导体。

3.11.3 输送管道进行强度和严密性试验时，严禁使用可
燃气体和氧气进行试验。

3.11.4 当管道强度试验和严密性试验中发现缺陷时，应
待试验压力降至大气压后进行处理，处理合格后
应重新进行试验。

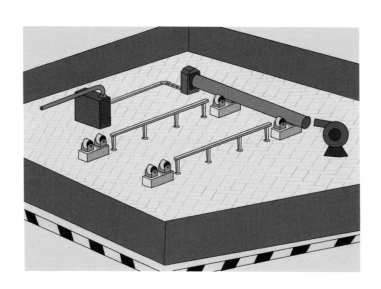

3.11.5 设备、管道内部涂装和衬里作业时，应采用防爆型电气设备和照明器具，并应采取防静电保护措施。可燃性气体、蒸汽和粉尘浓度应控制在可燃烧极限和爆炸下限的10%以下。

3.11.6 输送臭氧、氧气的管道及附件在安装前应进行除锈、吹扫、脱脂。

3.11.7　压力容器及其附件应合格、完好和有效。严禁使用减压器或其他附件缺损的氧气瓶。严禁使用乙炔专用减压器、回火防止器或其他附件缺损的乙炔气瓶。

3.11.8 对承压作业时的管道、容器或装有剧毒、易燃、
易爆物品的容器，严禁进行焊接或切割作业。

3.12 爆破作业

3.12.1 爆破作业前应对爆区周围的自然条件和环境状况进行调查，了解危及安全的不利环境因素，并应采取必要的安全防范措施。

3.12.2 爆破作业前应确定爆破警戒范围，并应采取相应的警戒措施。应在人员、机械、车辆全部撤离或者采取防护措施后方可起爆。

3.12.3 爆破作业人员应按设计药量进行装药，网路敷设
后应进行起爆网路检查，起爆信号发出后现场指
挥应再次确认达到安全起爆条件，然后下令起爆。

3.12.4 露天浅孔、深孔、特种爆破实施后，应等待5min
后方准许人员进入爆破作业区检查；当无法确认
有无盲炮时，应等待15min后方准许人员进入爆
破作业区检查；地下工程爆破后，经通风除尘排
烟确认井下空气合格后，应等待15min后方准许
人员进入爆破作业区检查。

3.12.5 有下列情况之一时，严禁进行爆破作业：

　　1 爆破可能导致不稳定边坡、滑坡、崩塌等危险；

　　2 爆破可能危及建（构）筑物、公共设施或人员的安全；

　　3 危险区边界未设置警戒的；

　　4 恶劣天气条件下。

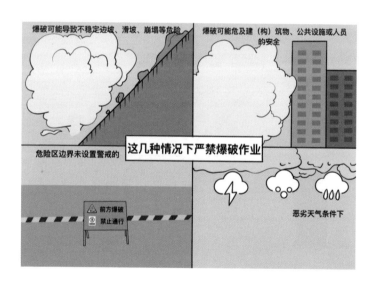

3.13 透水

3.13.1 地下施工作业穿越富水地层、岩溶发育地质、采空区以及其他可能引发透水事故的施工环境时，应制定相应的防水、排水、降水、堵水及截水措施。

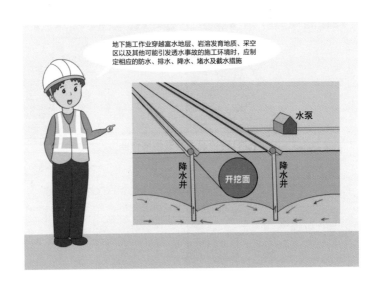

地下施工作业穿越富水地层、岩溶发育地质、采空区以及其他可能引发透水事故的施工环境时，应制定相应的防水、排水、降水、堵水及截水措施

水泵

降水井 开挖面 降水井

3.13.2　盾构机气压作业前，应通过计算和试验确定开挖
　　　　仓内气压，确保地层条件满足气体保压的要求。

3.13.3 钢板桩或钢管桩围堰施工前，其锁口应采取止水措施；土石围堰外侧迎水面应采取防冲刷措施，防水应严密；施工过程中应监测水位变化，围堰内外水头差应满足安全要求。

3.14 淹溺

3.14.1 当场地内开挖的槽、坑、沟、池等积水深度超过 0.5m时，应采取安全防护措施。

3.14.2 水上或水下作业人员，应正确佩戴救生设施。

3.14.3 水上作业时，操作平台或操作面周边应采取安全
防护措施。

3.15 灼烫

3.15.1 高温条件下，作业人员应正确佩戴个人防护用品。

3.15.2 带电作业时，作业人员应采取防灼烫的安全措施。

3.15.3 具有腐蚀性的酸、碱、盐、有机物等应妥善储存、保管和使用，使用场所应有防止人员受到伤害的安全措施。

4

环境管理

4.0.1 主要通道、进出道路、材料加工区及办公生活区地面应全部进行硬化处理；施工现场内裸露的场地和集中堆放的土方应采取覆盖、固化或绿化等防尘措施。易产生扬尘的物料应全部篷盖。

4.0.2 施工现场出口应设冲洗池和沉淀池，运输车辆底盘和车轮全部冲洗干净后方可驶离施工现场。施工场地、道路应采取定期洒水抑尘措施。

4.0.3 建筑垃圾应分类存放、按时处置。收集、储存、运输或装卸建筑垃圾时应采取封闭措施或其他防护措施。

4.0.4 施工现场严禁熔融沥青及焚烧各类废弃物。

4.0.5 严禁将有毒物质、易燃易爆物品、油类、酸碱类物质向城市排水管道或地表水体排放。

4.0.6 施工现场应设置排水沟及沉淀池，施工污水应经沉
　　　淀处理后，方可排入市政污水管网。

4.0.7　严禁将危险废物纳入建筑垃圾回填点、建筑垃圾填
　　　　埋场，或送入建筑垃圾资源化处理厂处理。

4.0.8 施工现场应编制噪声污染防治工作方案并积极落实，并应采用有效的隔声降噪设备、设施或施工工艺等，减少噪声排放，降低噪声影响。

4.0.9 施工现场应在安全位置设置临时休息点。施工区域禁止吸烟。

5

卫生管理

5.0.1 施工现场应根据工人数量合理设置临时饮水点。施工现场生活饮用水应符合卫生标准。

5.0.2 饮用水系统与非饮用水系统之间不得存在直接或间接连接。

5.0.3 施工现场食堂应设置独立的制作间、储藏间，配备必要的排风和冷藏设施；应制定食品留样制度并严格执行。

5.0.4 食堂应有餐饮服务许可证和卫生许可证，炊事人员
应持有身体健康证。

5.0.5 施工现场应选择满足安全卫生标准的食品，且食品加工、准备、处理、清洗和储存过程应无污染、无毒害。

5.0.6 施工现场应根据施工人员数量设置厕所，厕所应定期清扫、消毒，厕所粪便严禁直接排入雨水管网、河道或水沟内。

5.0.7 施工现场和生活区应设置保障施工人员个人卫生需要的设施。

5.0.8 施工现场生活区宿舍、休息室应根据人数合理确定使用面积、布置空间格局，且应设置足够的通风、采光、照明设施。

5.0.9 办公区和生活区应采取灭鼠、灭蚊蝇、灭蟑螂及灭
　　　其他害虫的措施。

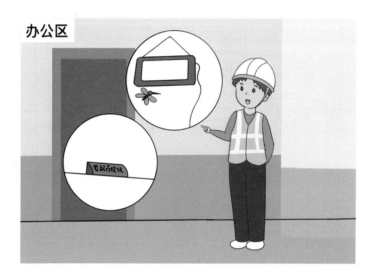

5.0.10　办公区和生活区应定期消毒，当遇突发疫情时，应及时上报，并应按卫生防疫部门相关规定进行处理。

5.0.11 办公区和生活区应设置封闭的生活垃圾箱，生活垃圾应分类投放，收集的垃圾应及时清运。

5.0.12 施工现场应配备充足有效的医疗和急救用品，且
应保障在需要时方便取用。

6

职业健康管理

6.0.1 应为从事放射性、高毒、高危粉尘等方面工作的作业人员，建立、健全职业卫生档案和健康监护档案，定期提供医疗咨询服务。

6.0.2 架子工、起重吊装工、信号指挥工配备劳动防护用品应符合下列规定：

1 架子工、塔式起重机操作人员、起重吊装工应配备灵便紧口的工作服、系带防滑鞋和工作手套；

2 信号指挥工应配备专用标识服装，在强光环境条件作业时，应配备有色防护眼镜。

6.0.3 电工配备劳动防护用品应符合下列规定：

1 维修电工应配备绝缘鞋、绝缘手套和灵便紧口的工作服；

2 安装电工应配备手套和防护眼镜；

3 高压电气作业时，应配备相应等级的绝缘鞋、绝缘手套和有色防护眼镜。

6.0.4 电焊工、气割工配备劳动防护用品应符合下列规定：

　　1 电焊工、气割工应配备阻燃防护服、绝缘鞋、鞋盖、电焊手套和焊接防护面罩；高处作业时，应配备安全帽与面罩连接式焊接防护面罩和阻燃安全带；

　　2 进行清除焊渣作业时，应配备防护眼镜；

　　3 进行磨削钨极作业时，应配备手套、防尘口罩和防护眼镜；

　　4 进行酸碱等腐蚀性作业时，应配备防腐蚀性工作服、耐酸碱胶鞋、耐酸碱手套、防护口罩和防护眼镜；

　　5 在密闭环境或通风不良的情况下，应配备送风式防护面罩。

6.0.5 锅炉、压力容器及管道安装工配备劳动防护用品应符合下列规定：

1 锅炉、压力容器安装工及管道安装工应配备紧口工作服和保护足趾安全鞋；在强光环境条件作业时，应配备有色防护眼镜；

2 在地下或潮湿场所作业时，应配备紧口工作服、绝缘鞋和绝缘手套。

6.0.6 油漆工在进行涂刷、喷漆作业时，应配备防静电工作服、防静电鞋、防静电手套、防毒口罩和防护眼镜；进行砂纸打磨作业时，应配备防尘口罩和密闭式防护眼镜。

6.0.7 普通工进行淋灰、筛灰作业时，应配备高腰工作鞋、鞋盖、手套和防尘口罩，并应配备防护眼镜；进行抬、扛物料作业时，应配备垫肩；进行人工挖扩桩孔井下作业时，应配备雨靴、手套和安全绳；进行拆除工程作业时，应配备保护足趾安全鞋和手套。

6.0.8　磨石工应配备紧口工作服、绝缘胶靴、绝缘手套和防尘口罩。

6.0.9　防水工配备劳动防护用品应符合下列规定：

　　1　进行涂刷作业时，应配备防静电工作服、防静电鞋和鞋盖、防护手套、防毒口罩和防护眼镜；

　　2　进行沥青熔化、运送作业时，应配备防烫工作服、高腰布面胶底防滑鞋和鞋盖、工作帽、耐高温长手套、防毒口罩和防护眼镜。

6.0.10 钳工、铆工、通风工配备劳动防护用品应符合下列规定：

1 使用锉刀、刮刀、錾子、扁铲等工具进行作业时，应配备紧口工作服和防护眼镜；

2 进行剔凿作业时，应配备手套和防护眼镜；进行搬抬作业时，应配备保护足趾安全鞋和手套；

3 进行石棉、玻璃棉等含尘毒材料作业时，应配备防异物工作服、防尘口罩、风帽、风镜和薄膜手套。

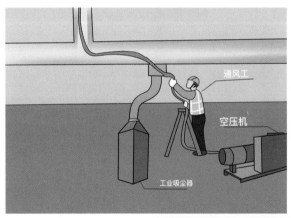

6.0.11 电梯、起重机械安装拆卸工进行安装、拆卸和维修作业时，应配备紧口工作服、保护足趾安全鞋和手套。

6.0.12 进行电钻、砂轮等手持电动工具作业时，应配备绝缘鞋、绝缘手套和防护眼镜；进行可能飞溅渣屑的机械设备作业时，应配备防护眼镜。

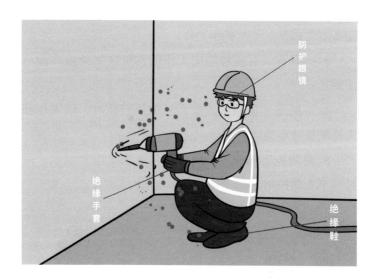

6.0.13 其他特殊环境作业的人员配备劳动防护用品应符合下列规定：

1 在噪声环境下工作的人员应配备耳塞、耳罩或防噪声帽等；

2 进行地下管道、井、池等检查、检修作业时，应配备防毒面具、防滑鞋和手套；

3 在有毒、有害环境中工作的人员应配备防毒面罩或面具；

4 冬期施工期间或作业环境温度较低时，应为作业人员配备防寒类防护用品；

5 雨期施工期间，应为室外作业人员配备雨衣、雨鞋等个人防护用品。